Anja Budich

Der alpine Bergwald

Ökologie, Nutzung und Schutz

GRIN Verlag

Bibliografische Information der Deutschen Nationalbibliothek:

Die Deutsche Bibliothek verzeichnet diese Publikation in der Deutschen National-
bibliografie; detaillierte bibliografische Daten sind im Internet über http://dnb.d-
nb.de/ abrufbar.

Impressum:

Copyright © 2010 GRIN Verlag GmbH
Druck und Bindung: Books on Demand GmbH, Norderstedt Germany
ISBN: 978-3-656-54024-3

Dieses Buch bei GRIN:

http://www.grin.com/de/e-book/264273/der-alpine-bergwald

Universität Augsburg
Fakultät für Angewandte Informatik
Lehrstuhl für Physische Geographie und Quantitative Methoden

Der alpine Bergwald: Ökologie, Nutzung und Schutz

Hauptseminar: Hochgebirge im SS 2010

Budich, Anja
LA GY D/Geo 8. Semester

Abgabedatum: 22.Juni 2010

Inhaltsverzeichnis

Abbildungsverzeichnis

1 Einleitung

Immer häufiger steht in den letzten Jahrzehnten der alpine Bergwald unter besonderer Beobachtung. Es wurde erkannt, dass zahlreiche Bergwälder so stark geschädigt sind, dass sie einige ihrer Schutzfunktionen nicht weiter erfüllen können. Sie sind belastet durch Luftschadstoffe und durch die Folgen der Klimaänderung, besonders anfällig für Stammwurf, artenarm durch einseitige Bewirtschaftung und unnatürliche Bestockung, artenarm durch Wildverbiss. Um diesen Konsequenzen vorzubeugen bedarf es einiger Schutzmaßnahmen, die für die Erhaltung des alpinen Bergwaldes unumgänglich sind.

Die vorliegende Arbeit gliedert sich im Wesentlichen in drei Teile. Zunächst wird ausführlich auf die Ökologie der alpinen Bergwälder eingegangen, eine ökologische Gliederung der Alpen wird vorgenommen, die Waldökosysteme des Gebirgsraumes werden vorgestellt und der natürliche Lebenslauf der Gebirgswälder wird beschrieben.

Im zweiten Teil dieser Hausarbeit geht es vor allem um die Funktionen des alpinen Bergwaldes, den Nutzen, den ein alpiner Bergwald für die Bevölkerung hat und um die damit verbundenen Auswirkungen und Veränderungen des alpinen Bergwaldes.

Der letzte Abschnitt widmet sich der Frage, wie in Zukunft der alpine Bergwald nachhaltig geschützt werden kann.

2 Der Begriff Gebirgswald

Unter Gebirgswald im pflanzengeographischen Sinn wird der Wald der eigentlichen Gebirgsstufe, also der subalpine Wald verstanden, denn subalpine Wälder differenzieren sich in einigen Gesichtspunkten von denen der Bergstufe und von denen der tieferen Höhenstufen. Diese Unterschiede zeigen sich in verschiedenen Standortbedingungen und Pflanzengesellschaften, wobei die Anzahl der bestandesbildenden Baumarten gering ist und oftmals entweder nur Lärche, Fichte, Arve, Bergföhre und Waldföhre an einem Standort auftreten.

Bergwälder sind zahlreichen Gefahren ausgesetzt, an einigen Stellen sind sie beispielsweise von Lawinenzügen aufgeteilt oder von Wildbach- oder Steinschlagrinnen durchfurcht. Andererseits ist auch das Aufkommen der Ansamung zum einen durch hohe Rohhumusauflagen, zum anderen aber auch durch eine dichte Schicht aus Alpenrosen, Heidelbeeren und anderen Zwergsträuchern, sowie durch Reitgras, Kriechschnee, Schneeverwehungen und Schneepilze erschwert. Zudem sind die Samenjahre selten, denn extreme Wetterbedingungen wie Forst oder Dürre bewirken, dass Samenjahre oft Jahrzehnte auseinanderliegen. Auch ist die Verjüngung des Waldes durch Verbiss des Jungwaldes durch Rotwild, Gämsen und Weidevieh nicht möglich.

Ein großes Problem, das auf dem Gebirgswald lastet ist, dass dieser größtenteils nicht kostendeckend bewirtschaftet werden kann. Die Gründe dafür liegen auf der Hand: einerseits handelt es sich hierbei um ein schwieriges Gelände, das nur unzureichend erschlossen ist, andererseits aber auch um weite Arbeitswege und eine kurze Arbeitszeit, da diese Gebiete nur dann bewirtschaftet werden können, wenn sie schneefrei sind, was die Holzernte enorm verteuert und diese somit nicht konkurrenzfähig ist (vgl. LEIBUNDGUT, 1986).

3 Die Herausbildung der Gebirgswälder in den Alpen

Zur Rekonstruktion der Vegetationsgeschichte in den Alpen haben sowohl die Pollenanalyse als auch die Großrestanalyse eine große Bedeutung, vor allem wenn es um die Dokumentation des Vegetationswandels aufgrund der paläoklimatischen Schwankungen geht. Zudem ist es möglich im Alpenraum anthropogene Einflüsse wie beispielsweise die Inkulturnahme anhand des Vorkommens sogenannter Siedlungsanzeiger in den Pollenspektren nachzuweisen, aber auch holozäne Klimaschwankungen, regionaler sowie überregionaler Art, sind dokumentiert. Die zahlreichen Untersuchungen im Alpenraum wurden hauptsächlich von LANG und BURGA durchgeführt, die die Vegetationsgeschichte in diesem Gebiet bis in die Älteste Dryaszeit rekonstruiert haben. In diesen Untersuchungen kamen jedoch große regionale Unterschiede zum Vorschein. Deshalb muss festgehalten werden, dass keine Verallgemeinerung der Vegetationsgeschichte für den Alpenraum gilt, da hier die unterschiedlichen klimatischen Bedingungen eine beträchtliche Rolle spielen und deshalb besonders berücksichtigt werden müssen. Zudem weist die Landschaft erhebliche topographische Unterschiede auf, die Ausprägung einzelner Klimaphasen war regional verschieden.

Ein weiterer bedeutender Indikator neben der Inkulturnahme für paläoklimatische Veränderung ist die potentielle Waldgrenze sowie ihre Verschiebung. Im Alleröd – Interstadial bildete sich erstmals eine Waldgrenze heraus (vor ca. 11800 Jahren), deren weiterer Verlauf in den folgenden Phasen bekannt ist. Durch die anthropo-zoogenen Eingriffe wurde die Vegetation maßgeblich beeinflusst, aber auch durch die Einwanderung und Ausbreitung einzelner Baumarten oder die Moorbildungsphase haben eine große Bedeutung für die paläoklimatischen Bedingungen (vgl. POTT, 1993).

Abb. 1: Die Herausbildung der Gebirgswälder in den Alpen

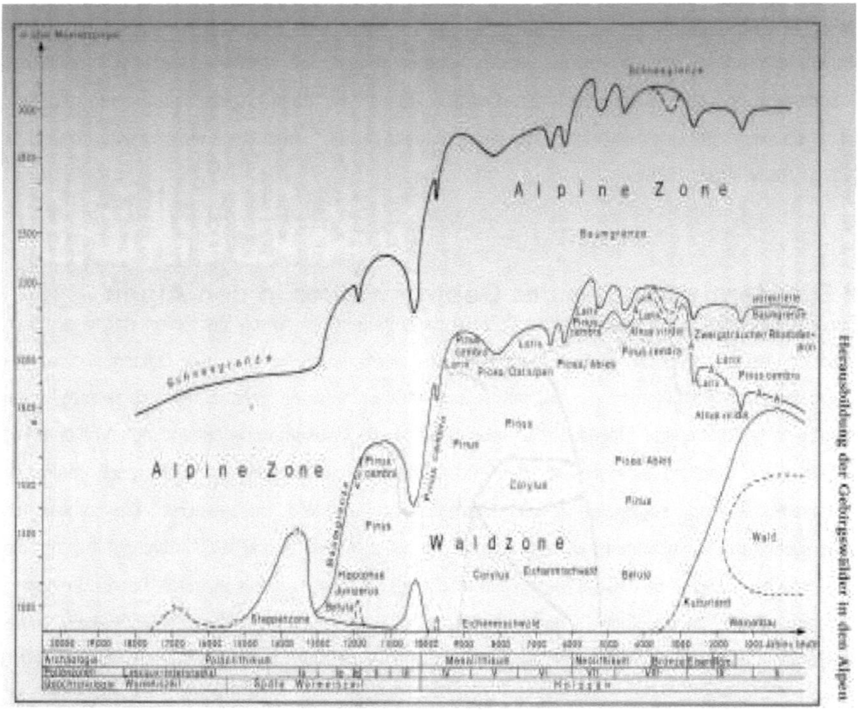

Quelle: **P**OTT, 1993, S. 53

Diese stark vereinfachte Darstellung zeigt die Vorstellungen von der nacheiszeitlichen Wiederbewaldung der Alpen.

<u>12000-10000 Jahre</u>

Die ältesten Pollenspektren, die aus limnischen Tongyttia-Ablagerungen erhalten sind, zeigen spätglaziale Verhältnisse mit der typischen dryaszeitlichen Ephedra- (Meerträubel), Artemisia-, Juniperus- (Wacholder) und Pinus sylvestris (Waldkiefer) Steppentundren, wobei es sich hierbei um lichtliebende, kontinentale Pionierpflanzen handelt (Erstbesiedler). Diese Gebiete waren in der Späteiszeit schon eisfrei (vgl. **P**OTT, 1993).

Ältere Dryaszeit 12000-11800 Jahre

Während der Älteren Dryaszeit etablierte sich die oben beschriebene Pioniergesellschaft zu einem stabilen System. Im nachfolgenden Bölling-Alleröd-Interstadial (ca. vor 11800 Jahren) wanderten zudem die Birke (Betula), Sanddorne (Hippophae), Waldkiefer (Pinus sylvestris) und die Arve (Pinus cembra) in die eisfreien Gebiete ein und siedelten sich dort an. An einigen lokalklimatisch günstigen Stellen der Inneralpen stieg die Wiederbewaldung bis auf ein Höhenniveau von 1500 bis 1700m ü. NN an (vgl. POTT, 1993).

Jüngere Dryaszeit ab 11000 Jahren

In der Jüngeren Dryaszeit fand ein Klimarückschlag statt, so dass in den Gebirgen eine Auflockerung der damaligen Waldvegetation stattfand und diese kurzfristig wieder von Ephedra-, Artemisia-, Juniperus- und Pinus sylvestris Waldtundra abgelöst wurde (vgl. POTT, 1993).

Präboreal

Während des Alleröd waren die kollinen und montanen Höhenlagen durch Kiefern wie Pinus cembra (Zirbelkiefer) und Pinus sylvestris bewaldet. Zu Beginn des Präboreals gab es eine Wiederbewaldung der subalpinen Stufe durch die Pinus mugo (Föhre, Latsche), die Pinus unicata (Bergkiefer), die Larix decidua (Europäische Lärche) und die Pinus cembra (Zirbelkiefer). In günstigen Lagen der Südalpen sowie in inneralpinen Trockentälern traten die ersten wärmeliebenden Laubholzarten wie die Gemeine Hasel (Corylus avellana), Linde (Tilia), Ulme (Ulmus), Eiche (Quercus) und der Ahorn (Acer) auf (vgl. POTT, 1993).

Boreal

Während der Zeit des Boreal wanderten von Süden und Osten kommend längs dem südlichen Alpenrand die Gemeine Fichte (Picea abies) und die Weißtanne (Abies alba) in die kiefernreichen Nadelwälder ein. Anfangs des älteren Atlantikums dringt die Fichte bis in die subalpine Stufe vor, wo sie vor allem mit der Bergkiefer und der Zirbelkiefer konkurriert (vgl. POTT, 1993).

Jüngeres Atlantikum

Das Jüngere Atlantikum bildet die Zeit der ersten maximalen Waldgrenzhöhe, wobei die Waldgrenze in der Wärmeperiode bei 2300-2500m lag.

Die subalpine Waldstufe der Zentralalpen bestand aus Fichten- und Auenwäldern, in denen die Bergkiefer nur noch selten zu finden war. Auch fand eine Abdrängung der Arve und Europäischen

Lärche in höchste Lagen statt. Diese Zeit wird auch als Zeit der optimalen Waldentwicklung angesehen, in der auch eine sukzessive Ausbreitung der Alnus viridis (Grünerle) stattfand (vgl. POTT, 1993).

<u>Subboreal</u>

Während dem Subboreal dominierten vor allem die Fichte und die Arve, wobei die Pinus sylvestris, Pinus mugo und die Pinus uncinata weichen mussten und auf die Trockenstandorte im Alpenraum abgedrängt wurden, wo sie noch heute die xerotherm (trockenwarme Standorte) anmutenden, reliktischen Trockenwälder der zentralalpinen Erioco-Pinetea-Schneeheide-Kiefernwälder bilden

Diese alpischen oder alpigenen Waldgesellschaften bevorzugten besonders trockene, felsige oder schotterige Kalkböden (vgl. POTT, 1993).

Abb. 2: Nacheiszeitliche Einwanderung von Osten und heutige, natürliche Verbreitung der Fichte

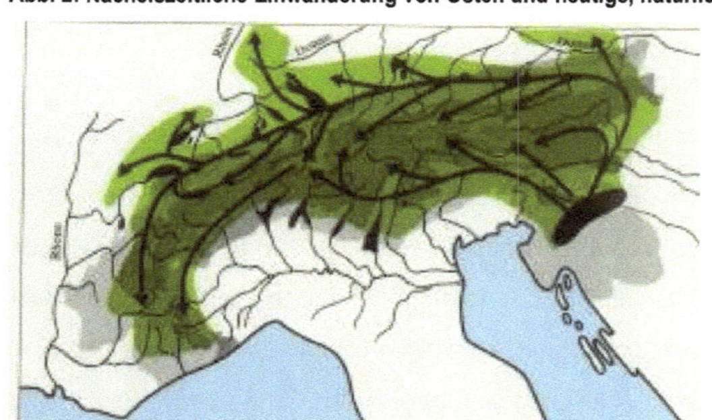

Quelle: REISIGL, KELLER, 1989, S. 10

Abb. 3: Nacheiszeitliche Einwanderung von Westen und heutige, natürliche Verbreitung der Tanne

Quelle: REISIGL, KELLER, 1989 S. 10

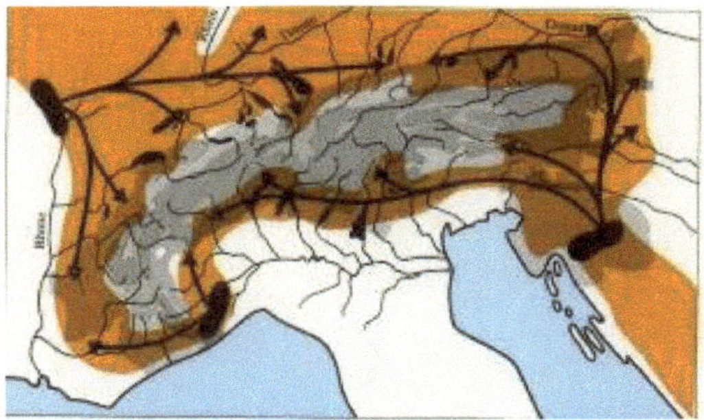

Quelle: REISIGL, KELLER 1989, S.10

4 Ökologie

Geht es um Ökologie, werden vor allem die Wechselbeziehungen zwischen den Organismen untereinander, zu ihrer Umwelt und deren Geoökofaktoren betrachtet. Dies wird im ersten Unterpunkt behandelt. Im Folgenden wird das Ökosystem „Alpiner Bergwald" anhand mehrerer Gesichtspunkte näher erläutert.

4.1 Der Wald als Ökosystem

„Unter Wald versteht man nicht nur eine „Ansammlung von Bäumen", sondern das komplexe Beziehungsgefüge zwischen den hier lebenden Pflanzen und Tieren und der unbelebten Umwelt. Die Lebensgemeinschaft (Biozönose) und die Lebensstätte (Biotop) bilden zusammen das Ökosystem Wald" (HOFMEISTER, 1997, S. 204).

4.1.1 Funktionsweise

Abbildung 5 zeigt die einzelnen Komponenten des Ökosystems Wald sowie deren Verflechtungen untereinander. Danach können vier Grundkomponenten unterschieden werden:

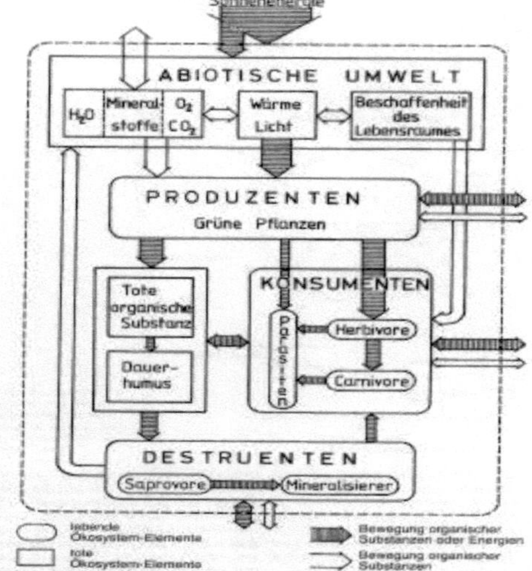

Quelle: HOFMEISTER 1997, S. 205

1) Abiotische Umwelt

Dazu zählen Wasser, Mineralstoffe, Sauerstoff und Kohlendioxid, Wärme und Licht, aber auch die besonderen Strukturen des Lebensraumes wie Bodenbeschaffenheit und Relief.

2) Produzenten (autotrophe Organismen)

Dies sind grüne Pflanzen, die ihre Substanzen aus anorganischen Stoffen aufbauen.

3) Konsumenten (heterotrophe Organismen)

Alle Organismen, die von anderen leben und auf diese angewiesen sind. Zu ihnen gehören Pflanzenfresser (Herbivoren), Fleischfresser (Carnivoren) sowie Parasiten.

4) Destruenten (Reduzenten / Zersetzer)

Das sind diejenigen Organismen, die tote organische Substanzen abbauen und dadurch für die Produzenten wieder verfügbar machen. Bei ihnen wird in Fäulnisbewohner (Saprophyten/ Saprophoren) und Mineralisierer unterschieden.

Durch den laufenden Kreislauf der am Aufbau beteiligten Stoffe herrscht im Ökosystem eine Dynamik vor, wobei die abiotische Sphäre zwischen den drei Organismengruppen als sogenannter Zwischenträger fungiert.

Jedoch muss die Sonne die Energie immer wieder neu in das System einbringen. Produzenten stellen dabei energiereiche Substanzen bereit, die durch die zersetzerische Tätigkeit der Destruenten energiearm werden. Bei ihrer Lebenstätigkeit geben alle Glieder des Ökosystems die aufgenommene Energie in Form von Wärme wieder ab. Im Gegensatz zum Stoffkreislauf handelt es sich hierbei um einen Energiefluss.

Dadurch, dass Wälder durch die Aufnahme der Strahlungsenergie und der Abgabe von Wärme an die Umwelt im ständigen Kontakt stehen, spricht man bei Wäldern von offenen Ökosystemen.

Wenn sich die Artenzusammensetzung, Artenzahl, Individuenzahl und Produktion organischer Substanzen in einer Mittellage befinden, so bezeichnet man eben dieses naturnahe Ökosystem als ein sich im biologischen Gleichgewicht befindendes Ökosystem.

Jedoch kann es bei Naturkatastrophen oder durch menschliche Eingriffe zu einem Ungleichgewicht führen, das System wird geschädigt, ist jedoch in der Lage sich über bestimmte Zwischenstadien in den ursprünglichen Gleichgewichtszustand zurück zu versetzen. Werden aber die abiotischen Umweltfaktoren durch langandauernde und sehr intensive Einwirkungen zu stark verändert, so kann sich der Ausgangszustand nicht wieder einstellen (vgl. **HOFMEISTER**, 1997).

4.1.2 Leistungsfähigkeit

Soll die Leistungsfähigkeit eines Ökosystems beurteilt werden, so muss die Höhe der Produktion an organischen Substanzen ermittelt werden.

Neue Biomasse kann ausschließlich durch grüne Pflanzen unter Bindung von Strahlungsenergie aus anorganischen Stoffen durch Photosynthese produziert werden. Diese Stoffproduktion ist auch als Primär- oder Bruttoproduktion bekannt.

Die Pflanze benötigt zur eigenen Aufrechterhaltung der Lebensprozesse (z.B. Atmung) einen Teil der gebildeten Biomasse. Der zurückgebliebene Rest (Nettoproduktion) dient der Speicherung und des Zuwachses sowie den tierischen Konsumenten als Nahrung. Für die Grundlage für den weiterführenden Stoffaufbau durch Konsumenten und Destruenten und somit für die Sekundärproduktion sorgen also die Primärkonsumenten.

Will man die Gesamtbiomasse eines Ökosystems erhalten, so muss die Summe der Produktion und des Verbrauchs aus den lebenden Substanzen der Produzenten, Konsumenten und Destruenten gebildet werden.

Die Primärproduzenten bilden die Hauptmasse der Organismen und sind den Sekundärproduzenten anteilsmäßig an der Gesamtmasse deutlich überlegen. Es sind vor allem die Baumstämme, die die wirtschaftliche Leistungsfähigkeit des Ökosystems Wald unterstreichen. Je nach Alter, Höhe und Bestandesdichte liegt ein Gewicht der Stämme bei 130-270 t/ha vor. Die Blätter dagegen sind mit 2 – 4 t/ha nur sehr gering mächtig. Jedoch darf nicht vergessen werden, dass die Bäume ihre Blätter oder Nadeln periodisch abwerfen und diese in jeder Vegetationsperiode neu bilden. Durch die riesige

Oberfläche des Kronendaches stellt jeder Baum eine große Absorptionsfläche der Strahlungsenergie bereit, die oftmals das 10-20fache der Bodenfläche ausmacht.

Bei den Sekundärproduzenten dominieren die Destruenten, die die jährlich anfallenden Massen von totem organischen Material, das ca. 25 % der jährlichen Primärproduktion ausmacht, abbauen. Von den Konsumenten stechen die Herbivore heraus, die bei dieser Komponente am stärksten vertreten sind.

Es lässt sich festhalten, dass die Biomasse ständig zunimmt, da mehr organische Substanz gebildet wird als gleichzeitig abstirbt. Jedoch stellt sich mit der Zeit in jedem Ökosystem ein Gleichgewichtszustand ein, d.h. die Biomassenproduktion ist gleicht des Biomassenverlustes (vgl. HOFMEISTER, 1997).

4.1.3 Flora und Fauna

Die Flora und Fauna des Waldes zeichnet sich durch einen großen Arten- und Individuenreichtum aus. In einem Buchenwald findet man ca. 7000 verschiedene Tierarten, wobei die Insekten mit ca. 5000 Arten, darunter z.B. viele Käfer und Zweiflüglerarten, den weitaus größten Anteil ausmachen. Aber auch Würmer, Schnecken, Spinnen und Einzeller weisen eine große Artenvielfalt auf. Dagegen stellen die Wirbeltiere wie Hase, Reh, Eichhörnchen und Buntspecht lediglich eine sehr kleine Gruppe mit ca. 100 verschiedenen Tierarten.

Durch den stockwerkartigen Aufbau des Waldes gibt es eine Vielzahl verschiedenartiger Kleinstlebensräume, die von den Tieren auf unterschiedliche Weise genutzt werden.

Die Baumschicht bietet v.a. durch ihr großes Kronendach eine reiche Nahrungsquelle und lockt somit viele Tierarten an. Blätterfressende Insekten und deren Parasiten, zahlreiche Vögel, die sich von Samen und Insekten ernähren, Eichhörnchen, Siebenschläfer oder auch Marder finden hier gute Lebensbedingungen.

Im Stammbereich findet man zumeist zahlreiche holzfressende Nahrungsspezialisten wie etwa Buchdrucker, Bockkäfer und Holzwespenlarven, die jedoch von Schlupfwespen, Spechten und Baumläufern gefressen werden. Alte Baumstämme dienen als Brutraum für Specht, Kleiber, Hohltaube, Star, Trauerschnäpper, Eule und Meise.

Der Waldboden ist Lebensbereich für Hoch- und Niederwild, Vögel wie Amsel und Buchfink, Spitzmäuse, Lurche, Schnecken, zudem für zahlreiche Insekten. Durch den geringen Lichteinfall ist die Bodenvegetation jedoch nur gering entwickelt und stellt somit nur ein begrenztes Nahrungsangebot dar. Daher bevorzugen einige Tiere lichte Waldstellen beziehungsweise Waldränder zur eigenen Versorgung außerhalb des Waldes. Die Destruenten, die die abgestorbenen Pflanzenteile mechanisch zerkleinern, sind hier die vorherrschende Population. Diese Bodenorganismen lassen sich aufgrund ihrer Größe nochmals unterteilen in die Makrofauna (Wühlmäuse, Maulwürfe, Regenwürmer, Käfer) und in die Mikrofauna (Einzeller) sowie in Mikroflora (Bakterien, Pilze) (vgl. HOFMEISTER, 1997).

4.2 Ökologische Gliederung der Alpen

Die vorhandenen Vegetationsgesellschaften sind außer von der Höhe noch von der jeweiligen geographischen Lage im Alpenbogen abhängig. Vereinfacht lässt sich eine Unterscheidung zwischen Ost- und Westalpen ziehen. Die Ostalpen kennzeichnen sich durch einfachere Gesellschaftskomplexe sowie einer weiten Verbreitung von Fichte und Lärche aus, bei denen kiefernreiche Innenzonen fehlen können, wohingegen die Westalpen vielfältigere Vegetationskomplexe mit schnellem Gesellschaftswechsel von den Rand- zu den Innenalpen aufweisen. Hier herrschen artenreichere Gesellschaften vor, welche auch fähig sind, höhere Lagen zu besiedeln. Ein Grund für diese Unterschiede sind die Auswirkungen des vergleichsweise extremen Sommerklimas, die in den Westalpen wesentlich größer sind als in den Ostalpen und sich auch in den meist unterschiedlichen Gesellschaften auf Sonn- und Schattenseiten widerspiegeln (vgl. Mayer, 1984).

Verwendet man einige Kenndaten, so kann eine primäre ökologische Gliederung der Alpen vorgenommen werden. OZENDA (1988) zählt zu den Kenndaten die Höhenlage, die geologische Struktur des Untergrundes, die Jahresniederschläge sowie den Kontinentalitätsindex (Kombination von Jahressumme der Niederschläge und der Meereshöhe eines Ortes). Zusätzlich zu dieser Grobgliederung kann man durch die Zuordnung der vorhandenen Vegetationsformen eine weitere Untergliederung vornehmen. Somit lassen sich innerhalb des Alpenbogens mehrere größere biogeographische Regionen ausgliedern.

Neben dem Unterschied zwischen Ost und West lässt sich zudem ein signifikanter Gegensatz zwischen der inneralpinen Zone und einem Kranz randalpiner Bergmassive mit ausgeprägter Vielfalt erkennen.

Unter einem ozeanisch geprägten Klimaeinfluss steht der randalpine Gürtel und besteht vorwiegend aus Kalkgestein, der sich wie folgt gliedert; siehe dazu auf die folgende Abbildung:

Abb. 6: Schema der biogeographischen Gebiete der Alpen

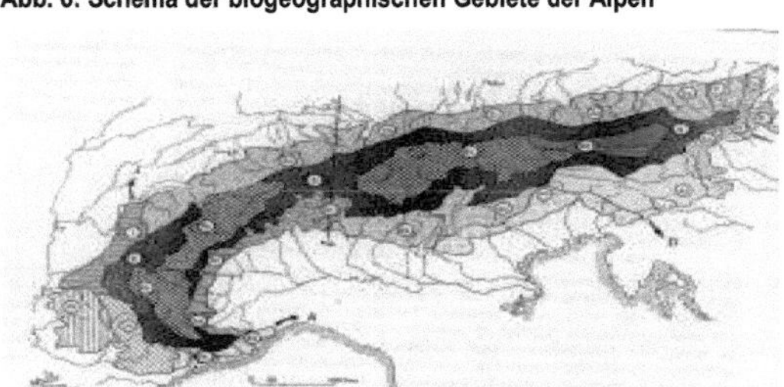

Quelle: BROGGI, 1999, S. 74

-   die sehr homogenen nördlichen Kalk-Randalpen (2),
-   die submediterran beeinflussten südlichen Kalk-Randalpen mit den drei Sektoren: Haute Provence (7), Illyrische Region und Gardasee-Bereich (4) sowie Präligurien (6),
-   ein delphino-jurassischer Sektor (1) und
-   die vorwiegend aus Silikat bestehenden Bezirke der insubrisch-piemontesischen (5) und subpannonischen Alpenbereiche (3).

Dahingegen erweist sich die inneralpine Zone als relativ homogen mit meist hoher mittlerer Meereshöhe, kontinentalem Klima und Silikatgesteinen, kann jedoch auch in zwei Teile untergliedert werden:
-   der inneralpine Bereich (9),
-   die Zwischenalpen (8).

Im folgenden Abschnitt werden einige bedeutende Merkmale der verschiedenen biogeographischen Regionen anhand von Querschnitten durch die Alpen von Ost nach West herausgegriffen und beschrieben.

Die Alpen-Ostgrenze: Diese wird, im Gegenteil zu den anderen randalpinen Gebieten, vorwiegend aus Silikatmassiven gebildet. Die alpine Stufe ist schwach ausgeprägt und vegetationsmäßig stark verarmt, der Latschenbuchenwald ist weit verbreitet. In der angrenzenden subalpinen Stufe herrschen Almen und Fichtenwälder (Piceetum subalpinum) vor, welche in der montanen Stufe des randalpinen Gebiets in mit Fichten angereicherte Buchenwälder (Abieti-Fagetum) übergehen. Hingegen werden sie im zentralalpinen durch den Fichten-Tannenwald (Abietetum) abgelöst. Aufgrund des trockenen Klimas herrschen in der kollinen Stufe Eichen-Hainbuchenwälder (Querco-Carpinetum) vor (vgl. **BROGGI**, 1999).

Mittlere Ostalpen: Das feuchte Klima verursacht in den nördlichsten Randalpen eine Ausweitung der montanen Fichten-Tannen-Buchenwaldstufe (Abieti-Fagetum). Weitere Charakteristika dieser Stufe sind das häufige Auftreten von Torfmooren, vor allem im Bayerischen Teil, sowie verschiedene Föhrengesellschaften (Pinetum sylvestris), die am häufigsten in Österreich anzutreffen sind.
Hingegen findet man im zwischenalpinen Bereich der Ostalpen in der montanen Stufe hauptsächlich den Fichten-Tannenwald (Abietetum), welcher in den Inneralpen in diesem Bereich durch den Fichtenwald (Piceetum montanum) ersetzt wird. Inneralpin ist die subalpine Fichtenwald- (Piceetum subalpinum) und Lärchen-Zirbelwaldstufe (Larici-Pinetum cembrae) am stärksten entwickelt,

wohingegen der darüber liegende Latschenbuchenwald (Pinetum mugi) im randalpinen Bereich stärker ausgeprägt ist.

In der montanen Stufe der südlichen Randalpen dominiert der Buchenwald (Fagion), wobei im kollinen Bereich der submediterrane Manneschen-Hopfenbuchen-Buschwald (Fraxino orni-Ostryetum) stärker verbreitet ist. Im Bereich der Poebene geht dieser daran anschließend in den Stieleichen-Hainbuchenwald (Robori-Carpinetum) über (vgl. **B**ROGGI, 1999).

Zentralalpen (Schweizer Alpen): Die Vegetationsabfolge der nördlichen Randalpen ist kaum anders, als die weiter östlich gelegene. Allerdings wird die Legföhre (Latsche, Pinus mugo ssp. mugo) im subalpinen Bereich sukzessive durch die Spirke (Aufrechte Bergföhre, Pinus mugo ssp. uncinata) abgelöst. Die Zwischenalpen verschwinden hier fast gänzlich. Silikatformationen treten in der randalpinen Piemont-Zone aber auch im Tessiner Südabfall häufig auf. Demzufolge sind in der kollinen Stufe die Edelkastanien-Eichenwälder (Querco-Castaneum) weit verbreitet, wohingegen montan die Hainsimsen-Buchenwälder (Luzulo-Fagetum) vorherrschen. Die subalpinen Lagen werden vom Lärchen- (Laricetum), Bergahorn- (Aceretum) und teilweise auch vom Buchenwald besiedelt (vgl. **B**ROGGI, 1999).

Nordwestalpen (Chartreuse-Maurienne-Tarentaise-Aostatal): Es lässt sich bei den nordwestlichen Kalk-Randalpen eine große Ähnlichkeit mit dem südlichen Jura ausmachen. Besteht noch die typisch montane Gesellschaftsabfolge der Vegetation, fehlt hingegen die alpine Stufe fast vollkommen. Im Süden grenzt daran eine silikatische, zentralalpine Stufe an, in welcher sich der Fichten-Tannenwald (Abietetum) und der montane Fichtenwald (Piceetum montanum) immer stärker auf Schattenseiten beschränkt, wohingegen der Kiefernwald (Pinetum sylvestris) bei zunehmender Trockenheit wesentlich konkurrenzfähiger ist. Der Flaumeichenwald wiederum setzt sich in der kollinen Stufe am stärksten hindurch (vgl. **B**ROGGI, 1999).

Südwestalpen (Mont Ventroux-Haute, Provence-Salbertrand-Cottische Alpen): Über dem provençalischen Flaumeichen Südwestabhang stock montan der Buchenwald; der Kiefernwald bildet hier die Waldgrenze. In den Zwischenalpen befindet sich über dem Kieferngürtel eine schmale Höhenstufe mit Fichten-Tannenwald und darüber mit Lärchen-Zirbenwald (Larici-Pinetum cembrae). Sowohl Tannen-Buchenwald (Abieti-Fagetum) als auch der Buchenwald kennzeichnen den feuchteren Westabfall. In der kollinen Stufe können lokal Edelkastanien-Eichenmischwälder (Querco-Castanetum) auftreten (vgl. **B**ROGGI, 1999).

Meeralpen und Ligurische Alpen: In dieser Stufe können mediterrane Vegetationseinheiten außergewöhnliche Höhen erreichen. In der kollinen Stufe wird dem Hopfenbuchenwald (Ostrya carpinifolia) die größte Bedeutung zugemessen, während im montanen Bereich die Buche fast überall fehlt. In der subalpinen Stufe jedoch ist die Legföhre anzutreffen (vgl. **B**ROGGI, 1999).

Abb. 7: Waldvegetationsprofil durch die mittleren Ostalpen (Verona-München)

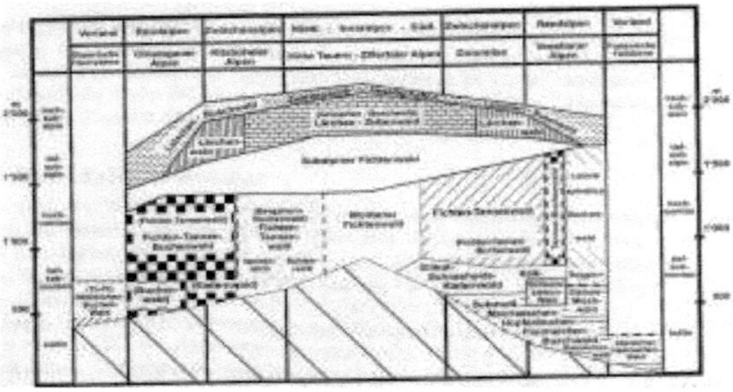

Quelle: **B**ROGGI, 1999, S. 75

4.3 Subalpine Waldgesellschaften

Die folgenden Laubwaldgesellschaften reichen bis in die untere subalpine Stufe:

Schneesimsen-Buchenwald (Luzulo niveae-Fagetum) und Bergahorn-Buchenwald (Aceri-Fagetum): auf diesen Bergwälder stößt man in den südlichen Alpentälern bis auf eine Höhe von etwa 1600m; sie bevorzugen kühlere Lagen. In der subalpinen Stufe erreichen diese Buchenwälder eine Baumhöhe von ca. 20m, die Stammformen sind vielfach schlecht, und die Holzvorräte betragen nur etwa 100-200m³/ha. Der Altersdurchschnittszuwachs der beiden Baumarten übersteigt kaum 3m³/ha. Diese beiden Wälder nehmen bei ganzheitlicher Betrachtung aller Wälder keine große Rolle ein, denn sowohl der Flächenanteil als auch die Wertleistung sind gering.

Tannenwald (Abietetum-albae): In der subalpinen Stufe beschränken sich die Tannenwälder auf nur wenige Standorte, da die Tanne eine Mittelstellung zwischen Fichte und Buche einnimmt. Die Tanne ist an Standorten zu finden, die für die Buche zu kontinental geprägt ist. Auf der niederschlagsreicheren Alpen-Südseite und im Unterwallis trifft man auf den Alpenrosen-Tannenwald (Rhododendro-Abietetum), in den Zentral-, Zwischen- und nördlichen Südalpen hingegen auf den echten Tannenwald (Abietetum-albae). Selten übersteigen die Baumhöhen dieser Waldgesellschaften 25m, die Vorräte erreichen in 150jährigen Beständen etwa 300-400m³/ha, und der Altersdurchschnittszuwachs entspricht mit 4-6m³/ha der Höhenbonität 6-8.

Alpen-Fichten-Tannenwald (Adenostylo-Abietetum): Diese Tannenwaldgesellschaft ist in der subalpinen Stufe am häufigsten anzutreffen. Ihre Hauptverbreitung befindet sich in Höhenlagen von 1400-1750/1850m auf feuchten, tonigen Böden der Zwischenalpen. Hier erreichen die Bäume eine Höhe von 30m. In den oberen Höhenlagen sind die Bestände lückenhaft und werden durch Grünerlengebüsch und Hochstaudenfluren unterbrochen.

Fichtenwälder: Betrachtet man den Flächenanteil und die Ertragsleistung von Wäldern so sind in der subalpinen Stufe die Fichtenwälder von großer Bedeutung. Ohne sichtbaren Übergang schließen sie an Fichtenwälder der Bergstufe an, unterscheiden sich jedoch floristisch durch ihre Artenarmut und das Fehlen von Buchenwaldarten von denen der Bergstufe. Ausgenommen die Alpendostflur mit Fichte (Piceo-Adenostyletum), dominiert in der Bodenvegetation der meisten Gesellschaften die Heidelbeere.

Waldbaulich sind namentlich die folgenden drei Fichtenwaldgesellschaften zu unterscheiden:
Torfmoos-Fichtenwald mit Landschilf (Sphagno-Piceetum calamagrostietosum): Diese Gesellschaft umfasst den größten Teil der subalpinen Fichtenwälder. In seiner Ertragsleistung weist er deshalb so große Unterschiede auf, da er von etwa 1000m ü.M. bis auf 1750-1950m reicht, wobei auch die Baumhöhen zwischen 24-30m schwanken, das den Höhenbonitäten 12 bis 14 entspricht. Der Holzvorrat pro Hektar beträgt in alten, bewirtschafteten und einigermaßen geschlossenen Beständen ca. 300-400m³/ha, der Altersdurchschnittszuwachs 4 – 5m³. Diese Werte müssen jedoch wesentlich reduziert werden, da die Bestände auf größeren Flächen oftmals nicht vollbestockt sind. Ab und zu vorkommenden Baumarten wie Lärchen, Bergföhren und den Arven wird eine weitaus geringere Bedeutung in den obersten Lagen der zentralalpinen Fichtenwälder zugesprochen. Erschwert wird die Verjüngung solcher Wälder durch die Rohhumusauflage, dichten Heidelbeerwuchs, in Blössen durch Reitgras, Drahtschmiele und an steilen Hängen durch Kriechschnee.

Lärchen-Fichtenwald (Larici-Piceetum): oder auch als Preiselbeer-Fichtenwald bezeichnet, weist diese Gesellschaft waldbaulich weitaus günstigere Bedingungen auf. Man findet sie vornehmlich in den hochgelegenen zentralalpinen Tälern auf verhältnismäßig trockenen Böden. Zudem schließt der nährstoffarme, oft steinige oder sandige Boden eine konkurrenzkräftige und Rohhumus bildende Bodenvegetation (vornehmlich Wachtelweizen (Melampyrum solvaticum) und Preiselbeere (Vaccinium vitis-idaea) aus. Aufgrund der geringen Beschattung und der nur dünn ausgebildeten Streu- und Rohhumusschicht können bei genügend Lichtgenuss auch die Lärche und in tieferen Lagen die Waldföhre ansamen. Sowohl Lärche als auch Fichte erreichen im Lärchen-Fichtenwald Baumhöhen bis 25m. Selten übersteigt der Holzvorrat alter Bestände 250-300m³/ha, die Wuchsleistung entspricht bei beiden Baumarten den Höhenbonitäten 8-12. Dennoch ist der Altersdurchschnittszuwachs mit 2,5 – 3,5m³/ha sehr bescheiden, dennoch ergibt die Lärche eine beachtliche Wertleistung, denn ihr dunkelrot gefärbtes feinringiges Holz mit wenig Spätholz eignet sich hervorragend für die Schreinerei und Küferwaren.

Alpendostflur mit Fichte (Piceo-Adenostuletum): Diese Waldgesellschaft weist die größte Ertragsfähigkeit aller subalpinen Wälder auf. Hier können die Bäume bis zu 35m hoch werden, die Höhenbonität liegt bei 13-15 und die Holzvorräte pro Hektar liegen bei über 400m³; der Altersdurchschnittszuwachs geschlossener Bestandesteile kann bis zu 6m³/ha erreichen.

Obwohl die Vegetationszeit nur relativ kurz ist und die Schneebedeckung lange andauert, ist die Ertragsfähigkeit trotzdem sehr hoch, dank der guten Wasserversorgung auf den frischen, allerdings nicht staunassen Böden dieser Waldgesellschaft, aber auch wegen der großen Menge leicht abbaubaren organischer Substanzen der Hochstauden.

Auf diesen Standorten sind die Fichten zu einem Großteil gerade, vollholzig und wenigstens auf einer Seite astrein. Dadurch, dass das Holz sehr feinringig ist, dient es vor allem sehr anspruchsvollen Verwendungszwecken, wie beispielsweise dem Geigenbau, der Holzbildhauerei sowie der Herstellung feiner Küferwaren.

Aus waldbaulicher Sicht bereitet die Alpendostflur mit Fichten erhebliche Schwierigkeiten bei der natürlichen Verjüngung. Gründe hierfür sich zum einen die langandauernde Schneedecke, der Schneepilz aber auch die stark beschatteten Hochstauden erlauben gewöhnlich nur eine Entwicklung der Ansamung an erhöhten Stellen, auf verrotteten Stöcken und Baumleichen und auf den Wurzeltellern der vom Sturm umgeworfenen Bäume.

Lärchen-Archenwald (Larici-Pinetum cambrae): Diese Waldgesellschaft spielt in der oberen subalpinen Stufe der Zentralalpen die einzig wichtige Rolle. An der Stelle, an der die Fichte ihre Wettbewerbsfähigkeit nicht mehr behaupten kann, liegt die untere Grenze des Lärchen-Arvenwaldes, also an der oberen Grenze des Fichtenwaldes der unteren subalpinen Stufe. Hier bilden sowohl Arve als auch Lärche Bestände bis in eine Höhe von 2000-2350m aus, wo eine von einzelnen Bäumen und Baumgruppen bestocke Alpenrosen-Vaccinienheide (Rhodoreto-Vaccinietum extrasilvaticum) anschließt.

Bergföhrenwälder: Diese Gesellschaften haben in der montanen und subalpinen Stufe keine nennenswerte wirtschaftliche Bedeutung. Sie sind jedoch von großem Schutzwert gegen Schneebewegung, Bodenerosion und Steinschlag. Folgende Gesellschaften sind zu nennen:

- der Knollendistel-Bergföhrenwald (Crisio tuberosi Pinetum montanae); vorkommend in der Bergstufe des Jura;
- der Schneeheide-Bergföhrenwald (Erico-Pinetum montanae),der in den nördlichen Randalpen und Zentralalpen anzutreffen ist;
- Steinrosen-Berföhrenwald (Rhododendro hirsuti-Pinetum montanae); vorzufinden im Jura, der nördlichen Randalpen und Zentralalpen;
- der Bergföhrenwald mit rostroter Alpenrose (Rhododendro ferruginei-Pinetum montanae); im Jura, der nördlichen Randalpen und in den Zentralalpen vorkommend;
- und den Torfmoos-Bergföhrenwald (Sphagno-Pinetum montanae), auf den man im Jura und in den nördlichen Randalpen trifft (vgl. **LEIBUNDGUT**, 1986).

4.4 Der natürliche Lebenslauf der Gebirgswälder

Im Lebenslauf der Gebirgswälder unterscheidet man zwei Vorgänge: Die Vegetationsabfolge (Sukzession) nach der Besiedelung von Kahlflächen und die Entwicklungsphasen des Schlusswaldes.

Waldsukzession

Diese entstehen im Areal der subalpinen Gebirgswälder immer wieder nach der Zerstörung von Wäldern durch Lawinen, Stürme, Rutschungen und Waldbrände. Gleichzeitig findet eine neue Bodenbildung durch Bodenanschwemmung und Gletscherrückzug statt. Auf ehemaligen Waldböden wird der Rohhumus nach der Waldzerstörung abgebaut und der Mineralboden wird bloßgelegt. Bei Bachanschwemmungen oder beim Gletscherrückzug entstehen mineralische Rohböden ohne Humusgehalt, daraus entwickeln sich die Kahlflächen.

Nur allmählich findet eine erste Besiedelung dieser Flächen durch anspruchslose Gräser, Kräuter und Moose statt, später gesellen sich stark lichtbedürftige, frostharte und gegen intensive Strahlung unempfindliche Sträucher und Baumarten mit leichten, flugfähigen Samen dazu. Dies sind, je nach Höhenlage, Weidenarten, Aspen, Birken, Lärchen sowie Berg- und Waldföhren.

Auf Bachschutt werden schwimmfähige Samen der Grün- oder Weißerle angeschwemmt. Alle Baumarten der Anfangswälder weisen zwei Merkmale auf: sie haben einen großen Lichtbedarf und stellen einen breiten Spielraum der Standortansprüche.

Als extremstes Beispiel ist hierfür die Bergföhre zu nennen. Sie wächst sowohl auf trockenen Kalkböden, als auch auf Hochmooren, in allen Höhenlagen bis zur oberen klimatischen Waldgrenze, in Lawinenzügen aber auch auf stark bewindeten Felskreten.

Jedoch ist noch nicht geklärt, inwieweit es sich bei den ausgesprochenen Pionierbaumarten um unterschiedliche ökologische Rassen handelt.

Anspruchsvolle Baumarten wie Tanne und Fichte können nur deshalb gedeihen, da dem Rohboden nährstoffreiches organisches Material durch die abgestorbene Bodenvegetation sowie dem Laub- und Nadelbefall der Pionierbaumarten zugeführt wird, aus dem Humusstoffe hervorgehen, deren Säuren durch Nährstoffe aus den mineralischen Bestandteilen des Bodens, den Pflanzen zugänglich machen. Solch ein Nutznießer ist beispielsweise die Arve.

Wo die Tannenhäher schon in der ersten Gras- und Krautschicht ihre kleinen und oft vergessenen Häufchen von Arvennüsschen anlegen, sind die kräftigen Keimwurzeln schon lange bevor ein Vorwald vorhanden ist imstande, genügend Nährstoffe aufzunehmen.

Allerdings ist das Wachstum der Sämlinge und Jungpflanzen so klein, dass ihre Bedeutung für die Bildung eines Anfangswaldes sehr gering ist.

Der sogenannte „Übergangswald" entsteht, indem die in der unteren subalpinen Stufe und dem Vorwald angesamten Fichten und die mit großem zeitlichen Unterschied in der oberen subalpinen Stufe der Zentralalpen aus Stecksaaten hervorgegangenen Arven vorerst eine Unterschicht ausbilden und schließlich in die Oberschicht des Anfangswaldes hineinwachsen.

Im Laufe der Zeit verschwindet die Pioniergesellschaft aufgrund der Überwachsung und durch Beschattung. Solche Baumarten, Fichte und zwei Föhrenarten ausgenommen, sind sehr kurzlebig. Diese eben genannten Arten behaupten sich oftmals über die erste Generation des Schlusswaldes hinaus. Der Weg von den Erstbesiedlern der Kahlflächen bis zum Schlusswald ist sehr lang und dauert in der Regel mehrere Jahrhunderte.

Die zeitlich gestaffelte, gruppen- und horstweise Verjüngung

An Stellen, an denen die geschlossenen, gleichförmigen subalpinen Fichtenbestände weder durch Windwurf, Lawinen, Feuer noch durch den Borkenkäferbefall auf großer Fläche zerstört wurden, erfolgt die Verjüngung zumeist gruppen- und horstweise in Bestandeslücken. Diese entstehen vornehmlich ebenfalls durch schädigende äußere Einwirkungen, vor allem durch Windwurf oder Schneedruck, größtenteils aber primär von einzelnen kümmernden Bäumen ausgehend. Die Mykorrhiza, die für lebenskräftige Bäume nützlichen Wurzelsymbiosen mit Pilzen, können sich bei widerstandslosen Bäumen in schädliche Wurzelkrankheiten verwandeln, die wie die durch Trametes radiciperda hervorgerufene Rotfäule, die vom Wurzelschwamm Heterobasidion annosum bewirkte Stockfäule und der bei gesunden Bäumen nur saprophytisch in abgestorbenen Wurzeln lebende Hallimasch (Amillariella mellea) in den Stammfuß, die unteren Stammteile sowie in das Kambium eindringen. Den genannten Pilzkrankheiten folgt meist ein Befall durch Borkenkäufer, Bockkäfer, Holzwespen und

Holzameisen. Da die angefallenen Bäume oftmals auch Wurzelverwachsungen haben, können die Wurzelkrankheiten auch auf Nachbarbäume übergehen, so erweitern sich in konzentrischer Weise die Insektenschäden zu ganzen Borkenkäferherden.

Sind diese Schäden über die Waldfläche stark verteilt und zeitlich differenziert, so können vorübergehend ungleichförmige Bestandesstrukturen entstehen. Jedoch dehnen sich solche Schadwirkungen häufig sehr schnell aus und haben einen Zerfall des Waldes auf größeren Flächen zur Folge.

Eine vom Anfangswald ausgehende Sukzession nach einem großflächigen Zerfall oder einer Zerstörung des Schlusswaldes

Die folgendend aufgezeigten Formen des Generationswechsels überlappen sich häufig und sich durch die Art und Weise der zeitlichen Entwicklung des Schlusswaldes bedingt. Vereinfachend lassen sich die folgenden Entwicklungsphasen unterscheiden (vgl. LEIBUNDGUT, 1986), siehe dazu auch Abbildung 8.

Abb. 8: Entwicklungsphasen im Bergmischwald

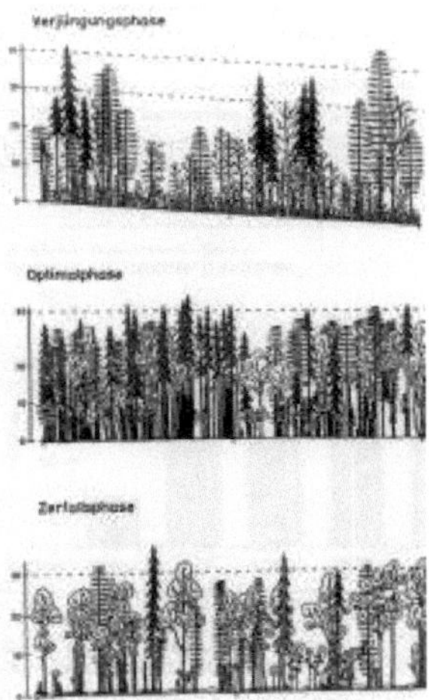

Quelle: GÖTTLE, 1990, S. 32

- Die Optimalphase

  Bei einem ungleichen Verlauf des Generationswechsels und aufgrund der großen Altersunterschiede des Jungwaldes verliert sich die Stufigkeit bei der altersbedingten Abnahme des Höhenwachstums immer mehr. An Stellen, an denen die Standortbedingungen eine Vollbestockung zulassen, entsteht eine dicht geschlossene, vorratsreiche Oberschicht.

Aufgrund ihres dichten Schattens können dort lediglich einige wenige Bäume der Mittel- und Unterschicht wachsen, auch die Krautschicht ist nur sehr spärlich entwickelt und artenarm. Diese Optimalphase ist gekennzeichnet durch eine hohe Stabilität und große Holzvorräte und kann mehrere Jahrhunderte andauern.

- Die Altersphase

Aufgrund der abnehmenden Lebenskraft und der sich daraus entwickelten Anfälligkeit für Krankheiten scheiden einzelne Bäume, manchmal sogar ganze Baumgruppen, aus. Die Bestände werden immer mehr in ihrer Struktur labil. Entstehen Lücken, so können sie die angrenzenden Bäume nicht mehr ausfüllen.

- Die Verjüngungsphase

Verläuft die Auflösung des Bestandes langsam, so stellt sich trupp- und gruppenweise Jungwuchs ein. Als Übergang stellen sich plenterwaldartige Strukturen ein (Plenterwaldphase). Jedoch endet die Altersphase meistens mit einem plötzlichen Zusammenbruch als Folge von Sturmschäden, Stammfäulen von beim Fallen von Nachbarbäumen verletzten Bäumen, Borkenkäferbefall ganzer Baumgruppen sowie weiteren Schadwirkungen.

- Die Zerfallsphase

Hat der Zusammenbruch eines Waldes begonnen, verläuft er in der Regel rasch, so dass auf kurze Zeit große Kahlflächen entstehen. Daran anschließend setzt eine langsam verlaufende Sukzession zum Anfangswald ein, von diesem zu mehreren Stadien des Übergangswaldes und letztendlich zu einem Schlusswald in der Optimalphase.

5 Nutzung

Gäbe es im Alpenraum nicht so viel Bergwald, wäre auch keine Dauerbesiedelung in einigen Gebieten möglich. Im Winter wären die Verkehrswege blockiert, ebenso im Sommer bei ausgeprägtem Starkregen. Wäre der schützende Bergwald nicht, müssten horrende Summen aufgewendet werden, um der Bevölkerung Schutz in den Siedlungen gewährleisten zu können.

Dem Bergwald werden zahlreiche Wirkungen zugesprochen, wobei die Faktorenkombination eine maßgebende Rolle spielt (vgl. FRANZ, 1994).

5.1 Funktionen des alpinen Bergwaldes

Bodenschutz

Wälder mildern bei extremen klimatischen Ereignissen wie z.B. bei Starkregen, Erosionen und Muren das Ausmaß der Schäden. Somit trägt der Wald wesentlich zur Geländestabilisierung bei, weshalb auch Erosionskatastrophen deutlich seltener sind (vgl. FRANZ, 1994).

Wasserhaushalt

Der Wald beugt aufgrund seiner flächigen Wirkung Hochwasser vor. Dadurch, dass der Niederschlag zurückgehalten wird, gelangen je nach Intensität, ca. 10-30mm Niederschlag nicht bis zum Boden, weshalb auch die Hochwassergefährdung deutlich geringer ist als in nicht bewaldeten Gebieten. Gemischte, naturnah aufgebaute Bergwälder schließen den Boden tief auf und erleichtern somit das Eindringen des Niederschlagswassers in den Oberboden. Auf diese Weise findet darüber hinaus eine Reduktion des Bodenoberflächenabflusses statt. In Gebieten mit periodisch auftretenden Starkregen (Osttirol) sind diese Zusammenhänge besonders deutlich (vgl. FRANZ, 1994).

Trinkwasser

Zugleich sorgt der gepflegte Schutzwald für eine Versorgung mit Trinkwasser von gleichbleibender Qualität und einer gleichmäßigen Wassernachlieferung. Auch dient die Dämpfung der Hochwassergefahr dem Bodenschutz, so dass somit im Schutzwald die Geschiebeführung in den Rinnsalen deutlich geringer ist. Diese Funktionen – Dämpfung der Hochwasserspitzen und die Reduktion der Erosion – sind von großer Bedeutung für die Gebirgsbewohner und die Fremdenverkehrsgäste (vgl. FRANZ, 1994).

Schnee

Dadurch, dass der Winterfremdenverkehr in den Alpen deutlich zugenommen hat, spielt natürlich auch der Faktor Schnee eine große Rolle. Der alpine Bergwald mildert die Lawinengefahr erheblich, von typischen, leicht kenntlichen Lawinengassen einmal abgesehen, denn bei Waldbestockung ist die Lawinengefahr deutlich verringert. Aufgrund der großflächigen Schneespeicherung und dem verlangsamten Abschmelzen unter Schirm treten Frühjahrshochwässer nur gering ausgeprägt auf (vgl. FRANZ, 1994).

Klimatische Auswirkungen

Ohne weiteres lässt sich die These aufstellen, dass der Bergwald Klimaextreme dämpft. Vor allem in wenig bewaldeten, südseitigen Tälern wird die Windbremsung bei Föhn bei der Bevölkerung als positiv empfunden. Auch sind günstige klimatische Einwirkungen, die durch den Schutzwald entstehen, unbestritten. Zugleich bietet der Bergwald einen Schutz gegen Bevölkerungsgefahren (Schadstoffe, Rauch oder Staub). Dank der großen Nadel- und Blattfläche ist die Filterkapazität enorm hoch, wobei im Gegensatz dazu auch die hohe Anfälligkeit des Schutzwaldes gegenüber den Fernimmissionen erklärt werden kann (vgl. **FRANZ**, 1994).

Schutz von Verkehrswegen

Der schützende Bergwald hat hier eine besonders wichtige Aufgabe, denn Straßen- und Bahnverbindungen können, abgesehen von Extremzeiten, ohne zusätzlichen Schutz aufrechterhalten werden (vgl. **FRANZ**, 1994).

Naturschutzfunktion

Diese Funktion des Bergwaldes hat eine überwirtschaftliche Bedeutung, da der Bergwald ein Ruhegebiet für spezielle Pflanzen- und Tierarten bietet, z.B. können geeignete Biotope hierfür reserviert werden (vgl. **FRANZ**, 1994).

Landschaftsfunktion

All diese eben genannten Funktion haben eine gemeinsame Funktion: den Schutz des Ökosystems, denn somit verbessert der Bergwald die ökologisch-biologische Stabilität der Landschaft und verhindert irreparable Schäden. Deshalb kann der Bergwald als ein unentbehrliches Element der Landschaftsgliederung angesehen werden (vgl. **FRANZ**, 1994).

Sozialfunktionen

Die zahlreichen und unterschiedlichen Schutzfunktionen dienen allesamt der Erhaltung der Landschaft sowie der Sicherheit ihrer Bewohner, womit auch der Erholungs- und Arbeitsraum Sommer wie Winter gesichert ist. Somit sind die Voraussetzungen für einen sicheren Fremdenverkehr gesichert. Dieser doppelte Schutzzweck ermöglicht erst die notwendigen Investitionen für verbesserte Schutzmaßnahmen (vgl. **FRANZ**, 1994).

Wirtschaftsfunktion – Nutzfunktion

Vor einigen Jahrhunderten war die Nutzfunktion noch von großer Bedeutung für die Bevölkerung, denn der Bergwald stellte genug Bau- und Brennholz für die lokale Marktversorgung. Daneben waren auch Nebennutzungen wie Baustoffe oder die Jagd örtlich von großer Bedeutung, von der Sicherung zahlreicher Arbeitsplätze ganz zu schweigen (vgl. **FRANZ**, 1994).

5.2 Nutzung des alpinen Bergwaldes

5.2.1 Bergwald und Tourismus

In den letzten 30 Jahren hat die Besucherfrequenz in den Alpen um ein Zehnfaches zugenommen. Folgen davon sind der Masseneffekt und die Intensiverschließung, die wiederum eine exponentiell steigende Gefährdung des Bergwaldes und somit des Menschen mit sich führen. Beispiele für eine solche Gefährdung sind die Zersiedelung, Versiegelung der Flächen, laufender Kulturlandschaftsausbau, Gefährdung von Pflanzen- und Tierarten, Raubsammlung von Pilzen, vermehrte Trittschäden sowie eine höhere Brandgefahr.

Dieser enorme Anstieg an Touristen führt auch einen zwingenden Anstieg an Skiliften und Seilbahnen zur Beförderung der Skitouristen mit sich. Der Wald wird somit für Beförderungshilfen, Parkplätze und Zufahren gerodet. Auch das Anlegen der Skipisten im Wald führt dazu, dass einsickerungsgünstige Flächen entstehen, somit die Hochwassergefahr in kleinen Einzugsgebieten steigt.

Eine Untersuchung im Gasteiner Tal hat ergeben, dass Waldflächen mit 11% den günstigsten Oberflächenabfluss haben, wenn man diesen mit denen der Skipisten und Dauerweiden mit ca. 60% Abfluss vergleicht. Wird der kritische Punkt beim Oberflächenabfluss im Pistengebiet überschritten, so entstehen große Gefahrenzonen, die revidiert werden müssen.

Auch Erosionen können in einem gerodeten Gebiet ein großes Ausmaß annehmen und zahlreiche direkte und indirekte Schäden im Pistenwald, wie beispielsweise Randschäden oder Steinschlagschäden beim Bau, verursachen.

Früher standen skisportliche und ökonomische Wünsche bei der Planung und Durchführung an erster Stelle, die ökologischen Fragen wurden vernachlässigt. Heutzutage werden vor der Planung neuer Infrastruktur Umweltverträglichkeitsprüfungen durchgeführt, um ökologisch tragbare Grenzen zu ermitteln und direkte und indirekte Umweltschäden zu minimieren (vgl. FRANZ, 1991).

Die Funktionen des Waldes im alpinen Lebensraum sind eng mit der Beziehung zwischen Bergwald und Tourismus verbunden. Der Tourismus ist in zweifacher Hinsicht vom Bergwald abhängig: Einerseits bietet er den Touristen sowie den touristischen Infrastrukturanlagen Schutz, andererseits zählt der Wald zu den unverzichtbaren Elementen eines touristisch attraktiven Landschaftsbildes (vgl. EGGER, 1989).

Über 60% der ca. 70 Millionen Übernachtungen in der Schweiz entfallen auf Ferienorte in Berggebieten, die nur deshalb bewohnbar sind, weil der Wald Siedlungsräume, Verkehrswege und Erholungslandschaften vor drohenden Naturkatastrophen schützt. Deshalb spielt der Bergwald für das touristische Angebot eine große Rolle. Sowohl Sommer- als auch Wintertourismus sind nur wegen des Schutzwaldes existenzfähig (vgl. EGGER, 1989).

Auf den natürlichen Schutz des Waldes sind angewiesen:

- Siedlungen

  Das betrifft vor allem Ferienhaussiedlungen und Hotels, die im Zuge der touristischen Entwicklung außerhalb der traditionellen Siedlungskerne liegen.

- Verkehrsachsen

  Eisenbahnlinien, Autobahnen, Bergstraßen und Zufahrtswege bewältigen zum einen das gewaltige touristische Aufkommen und sichern zum anderen die Versorgung der Bergregion und der Touristenzentren mit Gütern.

- Energieträger

  Hochspannungsleitungen und Rohrleitungen stellen den Energietransport von Wasserkraftwerken des Berggebietes in das Unterland sicher.

- Touristische Infrastrukturanlagen

  Dies sind unter anderem Sport- und Unterhaltungseinrichtungen, Seilbahnen und Skilifte.

- Touristische Erholungsräume

  Wander- und Spaziergebiete, Naturlandschaften (vgl. EGGER, 1989)

5.2.2 Alpine Forstwirtschaft

Der einzige Sektor der landwirtschaftlichen Bodennutzung, der nicht zurückgeht, ist die alpine die Forstwirtschaft, denn man hat erkannt, dass Wälder einen großen Naturschatz darstellen.

Im Alpengebiet ist die Bewaldungsdichte, im Vergleich zu der des Flachlandes, wesentlich höher. In den französischen Alpen ist von einer Fläche von 3,5Mio ha ca. 30%, das entspricht ca. 1,1Mio ha von Wald bedeckt, in Oberbayern bei einer alpinen Gesamtfläche von 680.000ha ca. 200.000ha.

Die Randalpen sind deutlich stärker bewaldet als die Inneralpen. So beträgt beispielsweise der Waldflächenanteil bei Chartreuse oder Vecors 50%, im Maurienne- oder Tarentaise-Tal lediglich 16%. Zudem ergeben sich qualitative Verschiebungen im Verhältnis von Laub- und Nadelwald.

Abb. 9: Verteilung der Waldbaumarten in 4 französischen Gebieten

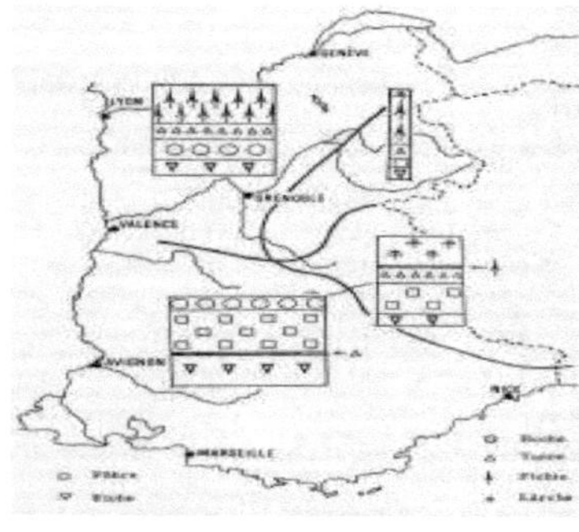

Quelle: OZENDA, 1988, S. 113

Die Waldfläche der Westalpen nimmt quantitativ von Norden nach Süden zu (25% Obersavoyen, 21% Savoyen, 27% Isère, 22% Hôtes-Alpes, 33% Drôme, 36% Alpen der Haute-Provence, 37% Seealpen). Die Qualität, also die Höhenwuchsleistung, der Gesellschaften gehen hingegen gen Süden zurück. Auch bestehen große Differenzen zwischen den drei nördlichen französischen Departements, die allein 20% des gesamten französischen Tannen- und Fichtenholzes produzieren, und der Haute-Provence, wo die meisten Wälder gar nicht genutzt werden.
Quelle: OZENDA, 1988, S. 113

Auch die forstwirtschaftliche Leistungsfähigkeit im Gebirge ist unterschiedlich. Den besten Zuwachs haben ausgedehnte Nadelwälder. In den Voralpen der Obersavoyen findet man einen Einschlaf von 5 fm/ Jahr / ha bei einem Maximum in 900-1500m Höhe. In den Inneralpen ist der Zuwachs geringer.
Jedoch bleibt festzuhalten, dass die Wälder der Alpen keine Ertragswälder, sondern Schutzwälder mit mehrfachen überwirtschaftlichen und wirtschaftlichen Funktionen sind, (s. Funktionen) dennoch dient ein Teil der Schutzwälder auch der Holznutzung. Der Anteil von Nutz- und Schutzwäldern ist nicht leicht festzustellen, da einige beide Funktionen erfüllen. Es wird jedoch angenommen, dass ca. die Hälfte der Wälder in den Alpen als Schutzwälder gesehen werden können (65% in Bayern, 50% in Tirol, 45% in Vorarlberg und in Graubünden, 90% der gesamten Schweiz) (vgl. OZENDA, 1988).

5.3 Veränderungen des Bergwaldes durch menschliche Eingriffe

Seit dem letzten Interglazial (vor 30.000 Jahren; Altsteinzeit) besiedelte der Mensch die Alpen und ihren Bergwald. Zunächst betrieb er in der Jungsteinzeit (5. Jt.) am Alpenrand in den großen Tälern Ackerbau und Viehzucht, wohingegen in der darauffolgenden Bronzezeit (2500-900 v. Chr.) Kupferbau und Almwirtschaft die wichtigsten menschlichen Lebensgrundlagen waren.
Von 800-400 v. Chr. traten Eisen und Salz an deren Stelle. Während dieser Zeit lagen die höchsten Dauersiedlungen schon 1200m hoch.
Römer, Kelten und Illyrer wanderten zwar zur Zeitenwende zu, jedoch blieb der alpine Bergwald noch fast unberührt.
Um 700 kamen Slawen von Osten, Bajuwaren und Alemannen von Norden in die Alen und errichteten entlang der alten Römerstraße ihre Einzelhöfe.
500 Jahre später, im 12./13. Jahrhundert, wurden von Klöstern und Fürsten große Rodungen betrieben, die allerdings vorerst nur den Umkreis der Siedlungen betrafen. Die Gründe für die Auflichtung und das Herabdrücken der Waldgrenze sind zum einen die rasche Bevölkerungszunahme und zum anderen die Almrodungen.

Der Wald konnte sich im 14. Jahrhundert aufgrund der lang anhaltenden Pest, bei der viele Menschen umkamen, kurz erholen. Jedoch wurde der Bergwald der Alpenländer im 16. Jahrhundert stärker als je zuvor rücksichtslos ausgebeutet. Hier waren vor allem die inneralpinen Seitentäler des Ötztals, Pitztals und Kaunertals zu nennen, die als Modellfälle für die negativen Wirkungen rücksichtsloser Waldausbeutung und –verwüstung auf Siedlungsraum, Landwirtschaft und Walderhaltung angesehen werden. (vlg. FROMME, G.: Waldrückgang im Oberinntal)

Die Tiroler Wälder waren im frühen Mittelalter frei verfügbares Eigentum der bajuwarischen Bevölkerung, was zu einer enormen Ausbeutung der Bergwälder führte, so dass Kaiser Ferdinand I. 1560 den Großteil der Bauerwälder enteignete und diesen zu Staatseigentum erklärte. Dies führte zu zahlreichen Aufständen seitens der Bauern, die ihr altes Eigentum zurückforderten, doch ein gültiges Gesetz gab es nicht. Diese Tatsache nutzten die Bauern aus, denn sie schlugen so viel Holz wie möglich, um es anschließend zu verkaufen, bis der Wald schließlich 1847 wieder in ihren Besitz überging.

Jedoch hatte die Verwüstung des Bergwaldes ein derartiges Ausmaß erreicht, so dass 1852 das „Reichsforstgesetz" für eine geregelte Waldwirtschaft erlassen wurde.

Dennoch konnte sich der Bergwald von dieser Ausbeutung bis heute nicht mehr erholen, wozu hauptsächlich die unsinnigen Praktiken der früheren Almwirtschaft beigetragen hatten. Es waren Brandrodungen für Weidegewinnung im Schutzwald, Schlägerung der besten Samenbäume für den Holzbedarf, Waldweide und Streugewinnung (führt zu Nährstoffentzug), Bergmaht, Ausreißen des Jungwuchses und Abbrennen der Gehölze an der Waldgrenze.

Diesen „Maßnahmen" ist es zu verdanken, dass die ohnehin schon missliche Lage der Bergbauern durch abgehende Lawinen und Muren, welche die Wiesen und Äcker beinahe alljährlich verwüsteten, noch zusätzlich verschlimmert wurde, so dass zahlreiche Höfe aufgegeben werden mussten (vgl. REISIGL; KELLER, 1989).

5.4 Das Ende des Bergwaldes?

Bereits in früheren Jahrhunderten gab es Baum- und Waldsterben, auch wenn es Ereignisse waren, die immer nur lokal begrenzt auftraten. Die Ursachen waren primär klimatischer Natur, d.h. die Jahre waren entweder zu trocken, zu feucht oder zu kalt und führten zu einer geringen Widerstandsfähigkeit der Bäume, die somit anfälliger für Krankheiten wurden.

Jedoch hat das „neue Waldsterben" in Europa ganz andere Ursachen, das nunmehr nicht lokal begrenzt ist, sondern großflächig alle Länder mit hohem Schadstoffgehalt in der Luft betrifft.

In Österreich sind ca. 60% der Wälder krank, wobei ein deutlicher Zusammenhang zwischen Nähe und Stärke der Immissionen und dem Grad der Schädigung besteht.

Als schadstoffempfindlichster Baum gilt die Tanne, die in großen Teilen ihres Areals vom Aussterben bedroht ist. Die Krankheitsbilder sind vielfältig: Gelbwerden sowie der Verlust von Blättern und Nadeln haben Auslichtung der Krone, Wipfeldürre, verringertes Wachstum und das Absterben von Feinwurzeln und Mykorrhiza zur Folge.

Beispielsweise besitzen stark geschädigte vergilbte Fichten statt 6-9 Nadeljahrgängen nur noch 1-3, d.h. dass ca. 50% der Nadeln fehlen; der Wipfel ist gänzlich abgestorben.

Die Konsequenzen dieser dramatischen Entwicklung sind noch nicht richtig absehbar, da ihre Ursachen ebenso vielschichtig sind wie ihre Schäden.

Zum einen sind es die Rauchgase der Industrie, wie z.B. SO^2, HF, und CO, die durch den Wind über große Distanzen verfrachtet werden und in der UV-Strahlung der Atmosphäre zahlreiche toxische Sekundärstoffe (z.B. Photooxydantien) bilden.

Zum anderen sind es die Unmengen an Kraftfahrzeugen, die neben dem Kohlenmonoxyd (CO) unter anderem auch giftige Stickoxyde wie Stickstoffoxyd und Distickstoffoxyd freisetzen, die mit organischen Verbindungen wie die Rauchgase Photooxydantien bilden.

Aber auch bei der Verbrennung von Plastikmüll (PVC) entstehen hochtoxische Chlorgase.

Zudem verseuchen Schwermetalle aus unterschiedlichen Quellen (Blei, Cadmium und Quecksilber) den Boden und werden von Pflanzen aufgenommen und angereichert.

Dem aber nicht genug. Der Mensch spielt bei dem Zufügen des Schadens eine große und bedeutende Rolle: bei der Forstwirtschaft, durch unnötigen Bau von Straßen (Erosion) und schlechte Waldnutzung; in der Landwirtschaft durch die immer noch nicht erfolgte Trennung von Wald und Weide; im Jagdwesen durch teilweise weit überhöhte Wildbestände; im Fremdenverkehr durch Kahlschläge für Skipisten.

Trotz der Vielzahl der eben angeführten anthropogenen Schadeinwirkungen auf den Bergwald ist doch die Hauptursache für das neuartige Waldsterben die permanente Einwirkung giftiger Schadstoffe aus der Luft, die vor allem die Photosynthese der Pflanzen beeinträchtigen, wodurch ein „Teufelskreis des Waldsterbens" in Gang gesetzt wird, der mit Krankheitsbefall der Bäume beginnt und letztendlich zum Tod des Waldes führt (vgl. **REISIGL**; **K**ELLER, 1989).

In den Alpen sind die Konsequenzen noch unabsehbar. Eines steht jedoch fest: fehlt der schützende Bergwald, können ganze Täler aufgrund der ständigen Bedrohung durch Muren und Lawinen nicht länger bewohnt werden. So ist die von H. MAYER angesprochene eindringliche Warnung durchaus ernst zu nehmen: *„Für den mitteleuropäischen Menschen kann der Verlust des Waldes zu einem kulturellen Trauma werden."* (**R**EISIGL; **K**ELLER, 1989, S. 14)

6 Schutzmaßnahmen zur Erhaltung des alpinen Bergwaldes

In der breiten Öffentlichkeit besteht ein Bewusstsein über die Notwendigkeit des Schutzes des alpinen Bergwaldes. Jedoch treten immer wieder Probleme bei der Umsetzung eben jenes Schutzes auf. Anthropogene Eingriffe nehmen stetig zu und sind kaum oder nicht aufzuhalten, anstatt dass sie geringer werden. Ebenso sind bestimmte Eingriffe dermaßen drastisch, dass ganze Standorte vernichtet und irreparabel zugrunde gerichtet wurden. Auch besteht ein Gegensatz zwischen der alpinen Natur und der forstwirtschaftlichen Nutzung. Als Beispiel hierfür kann der Schutz der ursprünglichen floristischen Zusammensetzung der Wälder sowie, als ihr Gegensatz, die Erfordernisse einer modernen Forstwirtschaft aufgeführt werden.

Die möglichen Naturschutzmaßnahmen werden entsprechend dem methodischen Fortschritt im Naturschutz angeführt.

Allgemein bekannt ist, dass der Artenschutz durch standortbegrenzte Maßnahmen nicht wirksam ist. Wesentlich effektiver und besser ist es, großflächige Biotope zu erhalten sowie Schutzmaßnahmen auf große Gebiete wie Nationalparks auszudehnen.

Jedoch ist es wichtig, dass nicht nur der Schutz seltener Arten im Vordergrund steht, sondern auch typische Umwelt und Landschaften, die durch traditionelle menschliche Eingriffe entstanden sind, als schützenswert angesehen werden (vgl. **O**ZENDA, 1988).

Deshalb sind Maßnahmen zur Wiederherstellung der Wälder wichtig und dringend!

6.1 Schutzmaßnahmen

Schützen heißt in erster Linie den Missbrauch der Natur abstellen. Allerdings ist jener teilweise so selbstverständlich geworden, so dass die vorgeschlagenen Schutzmaßnahmen nur beschränkt anwendbar sind.

Zum einen ist solch eine Schutzmaßnahme die Einschränkung des Pflanzensammelns. Diese Maßnahme ist bereits durchgesetzt worden. In einigen Alpenländern ist sowohl das Ausreißen, die Beförderung als auch der Verkauf bestimmter Arten, die auf Schautafeln vor Ort abgebildet sind, gesetzlich untersagt. Die strengsten Bestimmungen gelten für Deutschland und die Schweiz. Jedoch tritt parallel zu dieser Methode ein Problem auf: Das Aufstellen solcher Schautafeln bewirkt, dass jene seltenen Arten, die eigentlich geschützt werden sollen, als lohnende Beute angepriesen werden. Somit ist eine weitere Überwachung mehr als notwendig!

Eine weitere Maßnahme ist die Ausscheidung von Landschaften und Schutzzonen. Als Paradebeispiel werden Torfmoore genannt, die so als Standort, den Erhalt der Zwergbirke in den Ostalpen gerettet hat.

Aber auch die Errichtung ausgedehnter Naturschutzgebiete und Naturparks ist eine weitere Möglichkeit, zum Schutz und Erhalt der alpinen Bergwälder beizutragen. Bereits zu Anfang des 20. Jahrhunderts setzte der Schutz größerer Gebiete in den Alpen ein. Beispiele hierfür sind das Gebiet um den Königsee in Bayern, das 1910 als Schutzgebiet ausgewiesen wurde, ebenso das Gebiet um die Triglav-Seen in den Slowenischen Alpen (1924). In Frankreich ist der Bergwald durch das Staatsforstgesetz geschützt, welches sich auf die staatseigenen und staatlich verwalteten Wälder erstreckt.

Zudem wurden 8 Nationalparks in den Alpen eingerichtet, wie die folgende Abbildung zeigt. Diese liegen jedoch fast alle in den Inneralpen. Hinzu kommen zahlreiche ausgedehnte Naturschutzgebiete, die z.T. auch in den Randalpen zu finden sind (vgl. OZENDA, 1988).

6.2 Aufklärungsarbeit

Die eben angesprochenen Nationalparks werden von Besuchen stark frequentiert. Ein Ziel ist es, die Bevölkerung und Touristen zu „ökologisieren" und in ihnen ein Naturbewusstsein zu erwecken. Die Natur ist ein Allgemeingut, das allen gehört und allen zugänglich ist.

Immer wieder wird dies jedoch von einzelnen Personen verdrängt. Ein großes Problem stellen die häufigen mutwilligen Feuerlegungen im Bergwald, z.B. durch Lagerfeuer, dar, die ein großes Ausmaß ausrichten kann.

Die freiwillige Mithilfe eines jeden kann lediglich durch die Aufklärung der Öffentlichkeit über die Natur der Alpen, ihre Anfälligkeit, die zahlreich drohenden Gefahren sowie über den materiellen und immateriellen Nutzen des Waldes für den Menschen erreicht werden.

Die Gründung von Alpenschutzvereinen ist ein wichtiger Schritt in diese Richtung (vgl. OZENDA, 1988).

6.3 Wiederherstellung der Vegetation

Seit etwa 100 Jahren wird in den Südwestalpen ein Aufforstungsprogramm durchgeführt, das vor allem dort angesetzt wird, wo die Waldzerstörung ein katastrophales Ausmaß angenommen hat.

In den drei französischen Departements Hautes-Alpes, Haute-Provence und Seealpen forstete man 250.000 ha Wald auf, vorwiegend mit der Österreichischen Schwarzkiefer, aber auch mit der Lärche und der Zeder. Auf diese Weise stieg der Waldanteil in diesen Departements von 19% auf 39% an.

Problematisch dabei ist jedoch, dass gebietsfremde Arten angepflanzt wurden und damit eine Veränderung der natürlichen Landschaft einhergeht. Trotz zahlreicher Einwände und Bedenken haben sich diese fremden Baumarten gut in das Landschaftsbild eingefügt und sind zugleich ein entscheidender Fortschritt in Sachen Wiederaufforstung der alpinen Bergwälder (vgl. OZENDA, 1988).

7 Fazit

Der alpine Bergwald bietet nicht nur Schutz für die Bevölkerung, ist Wirtschaftssektor in Hinblick auf Arbeitsplätze, sondern dient auch ganz nebenbei als Katalysator menschlich verursachter Klimaschäden.

Wenn also weiterhin die anthropogene Ausbeutung und Nutzung des alpinen Bergwaldes nicht zurückgeht, wird dies folgenreiche Schäden sowohl für Menschen, Tiere und Pflanzen, somit auf die gesamte Umwelt haben. Dies fordert Handlungsbedarf, um das Ausmaß der schon vorhandenen Schäden im alpinen Bergwald nicht noch zu vergrößern. In den vergangenen Jahrzehnten wurde eben dieses Thema zum Leitmotiv zahlreicher Naturschutzorganisationen, die versuchen, im Menschen selbst ein Umdenken in Bezug auf die Umwelt zu erreichen.

Literaturverzeichnis

BROGGI, M.F. (1999): Großflächige Schutzgebiete im Alpenraum, Berlin, 241 S.

EGGER, M. (1989): Wald und Tourismus – Wechselwirkungen–Perspektiven–Strategien, Bern, 237 S.

FRANZ, H. (1994): Gefährdung und Schutz der Alpen, Wien, 205 S.

FROMME, G. (1957): Der Waldrückgang im Oberinntal, Wien, 222 S.

GÖTTLE, A. (1990): Alpine Schutzwasserwirtschaft – Mögliche Gefährdung von Mensch und Kulturlandschaft durch Waldschäden, München, 103 S.

HOFMEISTER, H. (1997): Lebensraum Wald, Berlin, 285 S.

LEIBUNDGUT, H. (1986): Unsere Gebirgswälder, Bern, 84 S.

MAYER,H. (1984): Wälder Europas, Stuttgart, 691 S.

MAYER, H. (1991): Gebirgswaldbau – Schutzwaldpflege, Stuttgart, 587 S.

OZENDA, P. (1988): Die Vegetation der Alpen im europäischen Gebirgsraum, Stuttgart, 353 S.

POTT, R. (1993): Farbatlas Waldlandschaften, Stuttgart, 224 S.

REISIGL, H.; KELLER, R. (1989): Lebensraum Bergwald – Alpenpflanzen im Bergwald, Baumgrenze und Zwergstrauchheide, Stuttgart, 144 S.